NOTICE FORESTIÈRE

SUR LES

LANDES DE GASCOGNE

PAR

M. L. CROIZETTE DESNOYERS

GARDE GÉNÉRAL DES FORÊTS

Clermont-Oise

IMPRIMERIE A. DAIX

RUE DE CONDÉ, 27.

—

1874

S

NOTICE FORESTIÈRE

SUR LES

LANDES DE GASCOGNE

25{68

NOTICE FORESTIÈRE

SUR LES

LANDES DE GASCOGNE

PAR

M. L. CROIZETTE DESNOYERS

GARDE GÉNÉRAL DES FORÊTS

$\sim\!\!\infty\!\!\sim$

Clermont-Oise

IMPRIMERIE A. DAIX

RUE DE CONDÉ, 27.

—

1874 .

CHAPITRE I. — Exposé général et
travaux des dunes

ʟ

L'étendue des terrains désignés sous le nom de landes peut être considérée comme constituant un vaste triangle, dont la base serait le littoral de l'Océan depuis l'embouchure de la Gironde jusqu'à celle de l'Adour et de la Garonne et les autres côtés, les vallées de l'Adour et de la Garonne. Cette région, d'une surface d'environ 8000 kilomètres carrés, est parfaitement déterminée par la constitution géologique du terrain, qui se compose des dépôts tertiaires supérieurs ou pliocènes et des sables marins venant aboutir à la mer.

La constitution minéralogique du sol complétement siliceuse, sans mélange de calcaire ou d'argile, la présence d'un sous-sol complétement imperméable, le peu de relief du terrain, le voisinage de la mer qui occasionne des pluies considérables en hiver, la latitude méridionale de ces contrées d'où résulte une température élevée en été, telles sont les causes multiples qui, il n'y a pas plus de 20 ans, rendaient inculte, improductive et inhabitée, la presque totalité de cette région.

Faire en sorte que l'on puisse profiter de celles de ces circonstances qui sont de nature à favoriser la végétation, rendre moins nuisibles et même utiles celles qui étaient jusqu'alors défavorables, tel fut le but poursuivi par ceux qui arrivèrent à rendre, dans ce pays, la culture et la vie humaine possibles. Mis en valeur, ces immenses terrains sont aujourd'hui traversés par des chemins de fer ; de tous côtés, de nombreuses routes permettent un accès facile et servent au débouché des produits que l'industrie des hommes a su faire naître sur ce sol, pendant tant de siècles improductif.

Il nous a semblé dès lors opportun, de mettre en ordre des notes prises dans un voyage que nous avions fait l'année dernière dans les landes. A l'aide des précieux renseignements recueillis près de M. Chambrelent et avec nos propres observations, nous allons chercher à faire connaître quels furent les efforts tentés pour la mise en valeur des landes et quels sont les résultats obtenus.

Par suite de différences dans la constitution géologique, l'aspect extérieur et la situation géographique, il y a lieu de diviser la région des landes de Gascogne en deux parties bien distinctes.

L'une d'elles en effet, formée par des dépôts maritimes récents et postérieurs aux dernières révolutions géologiques du globe, s'étend sur le bord même de l'Océan et constitue une série de collines appelées dunes. L'autre partie, la plus importante comme étendue, composée de dépôts tertiaires et sensiblement horizontale, comprend tous les terrains situés entre les Dunes, la Garonne et l'Adour ; c'est la région des landes proprement dites.

Les travaux effectués dans ces deux parties du bassin de Bordeaux, sont dès lors d'une nature différente. Il y a donc lieu d'étudier séparément et les travaux exécutés dans les landes et ceux qui ont été faits dans les dunes.

Les premiers seront examinés dans ce rapport. Des seconds, nous ne dirons que quelques mots, car leur conservation est confiée depuis 1862 à l'Administration Forestière et ce n'est pas à nous qu'il appartient de décrire les mesures dont elles sont l'objet. Nous nous bornerons à exposer les faits qui permettront d'apprécier de quelle importance et de quelle nature sont ces travaux.

Entre l'embouchure de la Gironde et celle de l'Adour on ne rencontre, sur le bord même de l'Océan, qu'une immense plage de sable s'étendant presque en ligne droite sur une longueur de 240 kilomètres. Cette plage présente une très faible inclinaison, de 1/15ᵉ environ. Au moment de la marée basse, la mer s'éloigne donc à de très grandes distances du rivage et laisse d'énormes surfaces à découvert. Le flux apporte et dépose un sable fin, blanc et quartzeux qui se dessèche rapidement sous un soleil brûlant. La côte qui s'étend en ligne droite, étant exposée sans abris aux vents d'Ouest, qui soufflent presque toute l'année, le sable est alors transporté à de grandes distances dans l'intérieur des terres, et lorsqu'il rencontre un obstacle ou que le vent n'est plus assez fort pour l'entraîner, il s'amoncèle et forme une dune. Par suite de cette accumulation constante et lente, la pente de cette dune est très faible du côté de l'Océan: 10° à 25°, tandis que de l'autre côté elle forme un talus incliné de 50° à 60°. Sous l'action d'un vent plus ou moins violent, les sables gravissent les surfaces faiblement inclinées des versants occidentaux, chargent le sommet et viennent couler par plaques d'autant plus épaisses que le vent est plus fort. La base du talus oriental s'avance ainsi dans les terres. Les dunes s'éloignent donc vers l'intérieur et avec une vitesse de 5 mètres environ par an. Nul obstacle ne pouvait arrêter cette marche incessante et plusieurs villages furent successivement enfouis sous ces sables mouvants.

Les dunes constituent une série de collines parallèles au rivage, séparées par de petites vallées appelées Lettes; mais cette direction générale est parfois modifiée par des causes accidentelles, l'aspect est alors tourmenté. Les collines de sable s'étendent sur une largeur moyenne de 5 à 8 kilomètres qui, vers le Nord et le Sud de la côte, se réduit à 300 mètres. Leur hauteur peut atteindre 100 mètres, mais en moyenne elles ne sont guère élevées de plus de 50 mètres au-dessus du niveau de la mer.

Les dunes intérieures, couvertes depuis plusieurs siècles par des forêts de pins maritimes, arrêtées ainsi complétement dans leur mouvement et dans leur action dévastatrice, inspirèrent à Brémontier, Inspecteur général des Ponts-et-Chaussées à la fin du siècle dernier, l'idée de fixer les dunes mobiles par des semis de cette essence. Mais, pour pouvoir espérer la germination des graines dans un terrain dont la surface était sans cesse agitée par les vents, il fallait donner un repos à ces sables en mouvement. Afin d'atteindre ce résultat, Brémontier eut l'idée de faire des semis *avec couverture*. Le procédé consiste à répandre de la graine de pin mélangée avec de la graine d'ajonc, de genêt, de gourbet, et à couvrir ces semis par des branchanges. Ces derniers sont destinés à permettre la germination très-rapide des graines de genêt, de gourbet et d'ajonc; ces plantes donnent alors au sable une fixité suffisante pour la germination et le développement des pins. Tel est le prin-

cipe des semis qui ont permis d'arrêter d'une ma
nière complète le mouvement des dunes actuellement
existantes et de couvrir ces collines de sable de su-
perbes forêts (1).

Le problème de l'arrêt de la marche des dunes,
n'était pas néanmoins complétement résolu, car on ne
pouvait, à cause des vents chargés de vapeur saline,
exécuter des semis de pins jusqu'au bord même de la
mer. Il y avait donc lieu de craindre la destruction
des travaux effectués et un envahissement ultérieur
des dunes déjà fixées, par celles que l'on ne pouvait
ensemencer ou qui de nouveau se formaient sur le littoral. La conservation des semis de Bremontier est
actuellement assurée de la manière suivante.

Sur le rivage de l'Océan, à cinquante mètres environ des hautes mers, dans une direction perpendiculaire à celle des vents, on place une palissade formée
de madriers d'une largeur de $0^m,12^c$ et d'une épaisseur
de $0^m,03^c$, qui sont profondément enfoncés en terre,
élevés de 1^m au-dessus du sol et espacés les uns
des autres de 2 à 3 centimètres. La plus grande partie des sables soulevés par le vent, vient frapper vio-
lemment contre cet obstacle et après le choc retombe
au pied même de la palissade, pendant que les sables,
qui se trouvent en face des ouvertures laissées entre
les divers madriers, traversent ces orifices et s'en éloignent par conséquent. Une grande quantité de sable
s'accumule donc du côté de la mer et prend dès lors
au pied même de la palissade une assez forte inclinaison, tandis qu'au contraire les pentes sont très
douces de l'autre côté, les sables étant emportés plus ou
moins loin, suivant la force du vent. Lorsque les madriers
sont presque enfouis, on les relève et les mêmes phéno-

(1) Voir la note n° 1.

mènes se représentent : les pentes occidentales sont dès lors assez fortes, tandis que les versants orientaux sont au contraire peu inclinés. La dune faite de main d'homme se trouve ainsi présenter une disposition *tout à fait inverse* de celle des dunes naturelles et ne peut s'avancer vers l'intérieur, le mouvement des dunes étant dû à ce que les sables peuvent gravir sous l'action du vent les versants occidentaux, faiblement inclinés, et retombent alors au pied des versants orientaux, dont l'inclinaison est beaucoup plus forte.

Cette dune, dite *dune littorale*, existe actuellement depuis l'embouchure de la Gironde jusqu'à celle de l'Adour, mais en beaucoup de points de la côte elle n'a pas encore atteint sa hauteur totale. Quoi qu'il en soit, la création à la fois naturelle et artificielle de cette dune, rendue immobile sur le rivage de l'Océan, empêche la formation de dunes nouvelles et le mouvement de ces collines de sable se trouve dès lors arrêté à tout jamais et d'une manière complète.

CHAPITRE II. — DE L'ASSAINISSEMENT ET
DE LA MISE EN VALEUR DES LANDES

SOMMAIRE. — Configuration générale. — Constitution minéralogique du sol et du sous-sol. — Conditions atmosphériques spéciales de cette région. — Conséquences qui en résultent pour les semis. — Nécessité d'un assainissement préa-
lable. — Système de M. Chambrelent. — Son application, ses
résultats. — Dépense par hectare. — Des travaux nécessités
par l'assainissement.

Les travaux, exécutés dans les landes proprement
dites, sont relatifs à l'assainissement et à la mise en valeur de ces terrains jusqu'alors improductifs et qui occupent une superficie d'environ 600,000 hectares. Quelques mots sur la configuration générale de cette région et sur la constitution minéralogique du sol, l'é-
tude enfin des conditions atmosphériques, permettront
mieux d'apprécier quelles étaient les difficultés à vain-
cre et quels furent les résultats obtenus.

Les landes de Gascogne présentent un long plateau presque horizontal allant du Nord au Sud, placé
à une altitude de 80 mètres environ et sur lequel reposent,
depuis le faîte jusqu'au versant des vallées, des plans
très légèrement inclinés, dirigés dans les deux sens
perpendiculaires.

Le terrain qui forme cette vaste région est composé d'un sable maigre, d'une épaisseur moyenne de
$0^m,50^c$ à 0^m80^c, ne présentant aucune trace d'argile ou
de calcaire et reposant sur un sous-sol complétement

imperméable. Le sable est fin, d'une couleur foncée, presque noire, due sans doute aux débris des végétaux secondaires qui, depuis des siècles, couvrent le sol et que l'on rencontre encore dans les parties incultes, dans la lande rase. Cette constitution minéralogique est absolument la même sur toute l'étendue de la Lande.

Le sous-sol imperméable, dont l'épaisseur moyenne est de $0^m,30^c$ à $0^m,40^c$, connu sous le nom d'*Alios*, est composé du sable supérieur de la lande, agglutiné par des matières végétales qui forment une sorte de ciment organique. Ce sous-sol constitue dès lors une espèce de roche compacte, sans fissures, ni crevasses et ayant une assez grande dureté. Soumis à l'action de l'air et du soleil, l'alios se décompose peu à peu et donne le sable supérieur de la lande, le feu produit le même résultat; en mélangeant l'alios avec de l'eau et le soumettant à l'action de la chaleur, on obtient une substance acide rougissant la teinture de tournesol. Les causes qui ont amené la formation de l'alios sont encore inconnues, malgré les recherches nombreuses des géologues et des savants. Quoi qu'il en soit, ce sous-sol est identique à lui-même dans toute la lande et on le rencontre constamment à la même distance de la surface, quels que soient les accidents du terrain.

Ainsi le sol et le sous-sol des landes de Gascogne se présentent partout dans les mêmes conditions de profondeur et de constitution minéralogique.

Par suite de la situation géographique de cette région, les conditions climatologiques, qui varient naturellement avec les saisons, sont extrêmement différentes en hiver et en été.

En hiver et pendant près de six mois, sous l'i

fluence du voisinage de la mer, les eaux pluviales tombent en grande abondance. Or par suite de l'imperméabilité du sous-sol et de la pente insensible du terrain, ces eaux séjournent à la surface et forment des étangs immenses ou tout au moins détrempent complétement le sol.

En été, au contraire, à cause de la latitude méridionale de ces contrées, un soleil ardent fait évaporer cette eau et dessèche tout d'une manière presque absolue.

En résumé, l'inondation permanente en hiver, la sécheresse complète d'un sable brûlant en été, telle était la situation de cette vaste région. Quelle est donc la culture qui pouvait s'accommoder d'un tel régime? Quels sont les hommes qui, sans être décimés par les fièvres et les maladies, pouvaient vivre dans ces conditions?

. Cette situation si grave et si funeste, dans laquelle se trouvait une contrée tout entière avait depuis longtemps préoccupé les agriculteurs et les sylviculteurs. Mais l'absence d'argile et de calcaire, dont le mélange dans de certaines proportions avec le sable est nécessaire à la culture des céréales, et le petit nombre d'habitants ne permettaient pas des cultures agricoles. La sylviculture pouvait donc seule mettre en valeur ces sables arides, mais toutefois, les conditions spéciales dans lesquelles on était obligé de faire les semis d'essences forestières, avaient rendu infructueux les efforts tentés jusqu'ici. Si on se rappelle en effet, l'humidité qui existait en hiver et jusqu'au mois de mars ou d'avril, on comprendra que des graines semées à cette époque, sur un sol détrempé par les pluies de l'hiver et par celles qui tombaient encore, ne pouvaient recevoir une chaleur assez grande pour germer. Vers le mois de mai, le sol suffisamment desséché permettait la germination du gland ou de la graine de pin. Mais alors, à cet état d'excessive humidité, succédait rapidement et presque sans transition une extrême chaleur, les racines du jeune plant n'étaient pas assez profondes, ni les autres organes assez développés pour résister à cette brusque élévation de température. Les chêneaux périssaient tous et le jeune pin, s'il se maintenait, n'avait qu'une végétation buissonnante sans avenir, sans cesse entravée par les inondations annuelles qui revenaient toujours à la même époque.

Il importait donc avant tout, si on voulait rendre productif le sol des landes, de faire cesser les inondations périodiques. Il fallait assainir le terrain, donner un écoulement à toutes les eaux qui détrempaient le sol, faire en sorte que l'on pût, dès les mois de février ou de mars, exécuter des semis. Ceux-ci profitant alors de la chaleur tempérée du printemps, trouvant un sol frais, léger et divisé, développeraient leurs racines à une assez grande distance de la surface, pour que les rayons brûlants du soleil n'exerçassent plus en été une action aussi nuisible sur les organes délicats des jeunes plants.

Mais pour opérer le dessèchement sur près de 600,000 hectares, il fallait trouver un moyen économique et qui fût en rapport avec la valeur du terrain, valeur alors presque nulle. On avait bien songé : soit à *plier* la lande en deux, c'est-à-dire à creuser d'énormes fossés et en rejettant les terres sur les bandes intermédiaires à relever la surface, soit à établir un vaste drainage. Le premier de ces deux procédés n'était guère praticable et le second, appliqué à de grandes étendues, devenait fort coûteux, par suite de l'absence d'argile dans le pays qui ne permettait pas dès lors de faire des drains sur place. L'extension des racines des essences forestières, rendait d'ailleurs impossible l'application de ce dernier moyen. En outre, la dépense eût été trop considérable, eu égard à la valeur des landes.

Après une étude approfondie de la configuration de la lande, un ingénieur des Ponts-et-Chaussées, M. Chambrelent, reconnut que cette région, au lieu de former un vaste plateau, présentait au contraire depuis le faîte jusqu'aux versants des vallées et dans les deux sens perpendiculaires, des inclinaisons légères mais constantes et que l'horizontalité n'existait que sur une très faible portion de la contrée. Il était donc possible de conduire les eaux stagnantes jusqu'aux ruisseaux qui formaient de nombreux affluents soit de la Garonne, soit de l'Adour, ou qui venaient se jeter dans les étangs du littoral. Ces pentes, dont l'existence venait d'être constatée, sont bien faibles, il est vrai, puisque le moindre obstacle arrête l'écoulement des eaux. Mais, comme les irrégularités de la surface n'ont pas plus de $0^m,20^c$ à $0^m,30^c$ de hauteur maximum, si on ouvre en un point quelconque de la lande, un fossé de $0^m,40^c$ à $0^m,50^c$ de profondeur, dont le plafond soit bien parallèle à la pente générale du terrain, on est certain que ces fossés ne demanderont pas des déblais de plus de $0^m,60^c$ à $0^m,80^c$ de profondeur et, par suite de leur inclinaison, permettront l'écoulement des eaux. De plus, comme la pente de ces fossés est très-faible, $0^m,001^{mm}$ à $0^m,003^{mm}$ par mètre, l'eau s'écoulera doucement sans corroder les bords et il ne sera pas nécessaire de les rétablir souvent; la perméabilité du sol permettra, en outre, de n'ouvrir ces fossés qu'à une assez grande distance les uns des autres.

En 1849, M. Chambrelent appliqua ce système d'assainissement aux landes de St-Alban dont il s'était rendu acquéreur; des fossés de 1^m20^c de largeur à la gueule sur 0ᵐ,40ᶜ de profondeur furent ouverts dans le sens de la plus grande pente du terrain et dans le sens perpendiculaire. Leur longueur était d'environ 400 mètres par hectare, le mètre coûtait 0 fr., 05 c., soit donc une dépense de 20 francs pour un hectare. L'effet de cette sorte de drainage à ciel ouvert fut immédiat et complet; pendant l'hiver on ne vit aucune trace d'eau stagnante à la surface du sol; dans les fossés coulait avec abondance et avec une remarquable régularité, l'eau pluviale qui, à peine tombée, traversait immédiatement le sable pour se rendre au fossé.

L'assainissement effectué en 1849, dès le mois de mars 1850 des semis de pins et de glands furent exécutés sur le domaine de St-Alban. La végétation de ces semis se montra des plus actives et dès lors au moment des grandes chaleurs de l'été, les plants bien développés ne souffrirent pas de la haute température de cette saison. Les eaux pluviales du printemps qui sont très-abondantes, ne font plus en effet, après l'assainissement, que traverser le sol au lieu de l'inonder; en outre le soleil, déjà chaud à cette époque, fournit à la graine et à la plante une température assez élevée. Le jeune plant lorsqu'il a pris naissance trouve un sol meuble, frais et divisé qui lui permet de développer rapidement ses racines et, sous le beau ciel du midi, sous l'influence d'une vive lumière, la nutrition s'accomplit avec activité. Les éléments nécessaires à la germination, air, chaleur, humidité, et ceux qui sont indispensables au maintien du plant, lumière et sol divisé, existent donc dans des conditions exceptionnellement favorables; il n'est pas étonnant dès lors que la végétation soit aussi puissante.

Le jury de l'exposition universelle de 1855 auquel furent soumis des sujets provenant des semis exécutés en 1850, trouva les résultats obtenus si remarquables, qu'il fit faire par des hommes compétents une visite sur les lieux mêmes et qu'après avoir constaté l'existence de sujets semblables sur 500 hectares, il affirma :

Que la bonne venue des arbres était aussi remarquable sur *toute l'étendue de la lande assainie* ;

. Que le système d'assainissement simple et peu coûteux produisait un *résultat complet* ;

Et considérant : que M. Chambrelent avait trouvé le moyen de mettre en valeur une terre stérile où, depuis plusieurs siècles, avaient échoué bien des tentatives de mise en culture ; qu'il avait opéré sur une grande échelle et résolu un *problème d'intérêt national*, proposa de lui décerner une médaille d'or de première classe et la croix d'officier de la Légion d'Honneur. Ces deux hautes récompenses furent données à M. Chambrelent.

Le jury constata en outre : Que sur tous les points où l'assainissement s'était effectué d'une manière naturelle, la végétation des arbres déjà âgés était fort belle, quoique la composition du terrain fût exactement la même et l'alios à la même profondeur.

L'existence du sous-sol semblait en effet, à tous ceux qui étaient opposés au procédé économique d'assainissement de M. Chambrelent, un obstacle insurmontable au développement des plants et ils prétendaient qu'il serait impossible d'obtenir des arbres de grandes dimensions. Le fait constaté par le jury de 1855 et l'examen des sols qui conviennent à nos grandes essences forestières, montrent le peu de valeur de cette objection. Les végétaux forestiers n'ont nullement besoin en effet de développer leurs racines à une grande profondeur, pour avoir des hauteurs de fut considérables. Les sols forestiers sont considérés comme très-profonds, lorsqu'ils ont de 0^m,50^c à 0^m,60^c de terre per-

2.

méable aux racines; l'expérience prouve de plus que
des arbres de futaie, capables de donner des produits
propres aux emplois qui exigent les plus grandes
dimensions , ont pris naissance et se maintiennent
sur des sols ayant une épaisseur de terre perméable
aux racines de 0m,30c à 0m,40c seulement. Les plateaux
de calcaire jurassique de la forêt domaniale de Haye,
ceux du calcaire grossier des terrains tertiaires de la
forêt domaniale de Hez-Froidmont, ne présentent guère
en moyenne qu'une profondeur de 0m,25c à 0m,35c et
pourtant on rencontre de très-beaux arbres dans la
première, traitée en taillis sous futaie, et des restes de
futaies magnifiques et d'une hauteur remarquable
dans la forêt de Hez-Froidmont. La forêt domaniale
de Compiègne, située en grande partie sur les sables
inférieurs des terrains tertiaires, offre des vestiges de
futaie non moins remarquables sous le rapport de la
hauteur, quoique le terrain perméable aux racines ne
présente qu'une épaisseur de 0m,40c. Dans ces forêts où
les essences feuillues existent seules, les racines tra-
çantes se développent avec abondance et permettent à
l'arbre de puiser dans le sol les substances nécessaires. Il y a donc lieu de penser qu'il en sera de même
pour le chêne dans les landes et que dans la couche
supérieure, enrichie par les débris de végétaux secondaires qui couvrent la lande depuis des siècles, il trou-
vera les matériaux indispensables. Il existe du reste
dans le Maransin (département des Landes) de très-beaux
chênes, d'un âge assez avancé ; le sol y a la même
composition, l'alios y est à la même profondeur, seulement le terrain en était naturellement assaini.

L'alios serait peut-être un obstacle au développement complet du pin maritime, dont la racine pivote
profondément, mais il n'est pas nécessaire que le pin
des landes atteigne de grandes dimensions ; il est

surtout destiné à donner de la résine, puis de petits madriers, des planches, des bois de mine, des traverses, etc. La nature des propriétaires, communes ou particuliers, exige du reste des révolutions assez courtes. Les arbres peuvent néanmoins y acquérir de belles dimensions et parvenir facilement à un âge où on peut régénérer naturellement les peuplements.

En résumé le pin, qui, peut-être, demanderait une plus grande profondeur, peut acquérir dans la lande des dimensions qui le rendent propre à beaucoup d'emplois et le chêne y trouve une profondeur suffisante.

En reconnaissant l'existence de pentes qui, quoique très-faibles, pouvaient permettre l'écoulement des eaux, M. Chambrelent avait trouvé le moyen de faire disparaître, à peu de frais, l'excessive humidité de l'hiver et du printemps et par conséquent d'assainir les landes. Il était possible, dès lors, d'exécuter des semis de bonne heure et dans des conditions telles que les jeunes plants fussent assez robustes, dès le mois de mai, pour résister à la haute température qui, à partir de cette époque, durait tout l'été.

Tel est le point de départ de la mise en valeur de près de 600,000 hectares de terres improductives jusqu'alors et d'un accroissement de richesse nationale qui peut être évalué à quatre cent millions de francs.

La dépense nécessaire à l'assainissement était de 20 fr. par hectare pour 400 mètres de fossés ; depuis, le prix de la main d'œuvre a augmenté, mais les dessèchements effectués, les fossés ouverts le long des routes agricoles qui sillonnent actuellement la lande, ont permis de réduire l'étendue des fossés par hectare à 200 mètres qui coûtent encore 20 francs. Quoiqu'ils soient ouverts depuis quinze ans, dans un terrain sablonneux, ces fossés sont en parfait état de conservation. Les racines des bruyères forment une sorte de trame qui retient les sables; les bords ne sont nullement corrodés, l'écoulement se faisant toujours avec une extrême régularité, par suite de la pente insensible du terrain.

Le procédé d'assainissement de M. Chambrelent fut appliqué d'une manière générale dans les deux départements des Landes et de la Gironde, en vertu de la loi du 19 juin 1857, dont nous parlerons ultérieurement.

Pour faciliter les travaux d'assainissement et de mise en valeur des 600,000 hectares de landes et afin de permettre l'enlèvement des produits que cette région est maintenant en état de fournir, 350 kilomètres de routes agricoles et 200 kilomètres de routes départementales ont été construits. On s'occupe en outre en ce moment de la création d'un chemin de fer de ceinture pour le département de la Gironde.

Le dessèchement général des landes a conduit parfois à faire de grands travaux; on s'est toujours efforcé en les exécutant de produire des résultats avantageux pour l'économie générale du pays. Nous citerons comme exemple, le dessèchement des marais situés au nord du bassin d'Arcachon.

Les landes, entre l'embouchure de la Gironde et le bassin d'Arcachon, présentent une superficie de 200,000 hectares dont la pente générale est inclinée vers l'Océan. Les eaux qui s'écoulaient en suivant cette pente, étaient arrêtées au pied même du versant, par les dunes de sable qui constituent une chaîne d'environ 60 mètres de hauteur, s'étendant depuis la pointe de Grave jusqu'au bassin d'Arcachon et n'offrant aucune issue sur ces 100 kilomètres de longueur. Ces eaux, qui s'étaient

accumulées depuis des siècles, avaient formé de vastes
étangs et des marais présentant parfois 17 kilomètres
de longueur sur 5 de largeur. Les travaux d'assainissement qui allaient être effectués sur les 200,000 hectares de cette partie des landes, par suite de l'inclinaison générale du terrain, devaient augmenter considérablement ces étangs, et surtout pourraient accroître
les variations de niveau l'été et l'hiver. De cette espèce de flux et de reflux annuel naissaient du reste,
des maladies pestilentielles qui décimaient les popula-
tions et parfois la crainte, pour les villages riverains,
d'être envahis par les eaux. Il importait donc de re-
médier définitivement à ce funeste état de choses,
d'assurer un libre et constant écoulement à l'eau de
ces étangs et de ces marais insalubres, et de faire en
sorte de livrer à la culture des terrains desséchés, en-
richis par des dépôts qui devaient leur donner une
grande fertilité.

La chaîne des dunes ayant 5 à 6 kilomètres d'épaisseur et une hauteur de 60 mètres environ, on ne pouvait
songer à creuser un canal dans une masse aussi considérable de sables mobiles. Une étude approfondie du
relief du terrain fit reconnaître, qu'en outre de la
pente allant de l'Est à l'Ouest, on en pouvait trouver
d'autres permettant d'ouvrir un canal du Nord au Sud
et de conduire une partie des eaux dans la Gironde,
l'autre dans le bassin d'Arcachon.

Les deux plus grandes masses d'eau, les étangs de
Lacanau et d'Hourtin dont la surface totale est de
10,000 hectares, se trouvaient précisément au point le
plus élevé du canal à ouvrir, à 16 mètres environ au-dessus des basses eaux de la Gironde. Sans entrer dans
un examen plus complet des travaux exécutés, nous
nous bornerons à indiquer que le terrain descend rapidement vers la Gironde et se trouve à 3 mètres au-dessous

des hautes mers ; tandis que du côté du bassin d'Arcachon, il se maintient sur 35 kil. environ à une assez
grande hauteur au-dessus du niveau du bassin et rencontre un cours d'eau naturel. Dès lors, on fit en sorte
que la plus grande partie des eaux des deux grands
réservoirs s'écoulât dans le bassin d'Arcachon ; de ce
côté le canal pouvant toujours être utilisé, tandis qu'à
cause de la différence de niveau, il ne servirait de l'autre
côté, que pendant 6 heures sur 12, seulement au moment des basses mers. Des écluses mobiles se fermant
à la haute mer et s'ouvrant dès que la marée descen-
dait, furent établies au point de jonction sur la Gironde, on y plaça en outre des vannes permettant
d'irriguer les parties desséchées. 15,000 hectares de
terrains ont été ainsi livrés aux cultures agricoles et
forestières ; ils ont acquis une plus value d'au moins
deux millions et en outre une vaste région a été assainie par ce dessèchement.

CHAPITRE III — Du pin maritime

La culture forestière la plus importante des landes est celle du Pin Maritime. La constitution minéralogique du sol, le peu de frais que demande la préparation à donner au terrain, la rapidité avec laquelle cette essence se développe dès les premières années, la faculté d'obtenir de bonne heure par le gemmage un revenu assuré, telles sont les causes multiples qui ont déterminé le choix de cette essence pour la mise en valeur des landes.

La préparation à donner au terrain est peu coûteuse. Si par suite de circonstances locales, la végétation des bruyères et des autres végétaux secondaires est trop considérable, on enlève ces plantes en piochant le sol à la surface ; cette opération exige une dépense de 30 à 35 francs par hectare. Parfois, on cultive le terrain par bandes alternes de 5^m de largeur et distantes de 5^m environ. Mais le plus souvent, on se borne à semer la graine de pin à la volée, sur la bruyère même, et pour faire descendre cette graine sur le sol, on met pacager les moutons pendant quelques jours dans les bruyères ensemencées. On emploie 10 kilogrammes de graine par hectare. L'achat et le répandage exigent une dépense de 10 francs environ. Le prix de revient de l'hectare semé est donc de 40 à 45 francs.

La saison la plus favorable pour semer les graines résineuses est le printemps : dans ces contrées la température est suffisamment élevée pour permettre d'effectuer les semis dès la fin de février ou dans le courant de mars. Il vaut mieux semer un peu tôt, afin d'être certain que les jeunes plants, lors des chaleurs de l'été, auront un enracinement assez profond et pourront résister à la température élevée de cette saison. La bruyère du reste protége très bien les semis contre les ardeurs du soleil et leur procure un abri des plus utiles ; on n'enlève donc la végétation buissonnante que dans les parties de la lande où elle est trop considérable.

Le tempérament robuste du Pin Maritime dès ses premières années, la rapidité de sa végétation surtout dans la jeunesse, le gemmage enfin, sont autant de causes qui nécessitent des éclaircies répétées dans les peuplements formés par cette essence. De ces opérations multipliées résultent dès lors des produits matériels très-divers et des revenus en argent très-variables ; l'étude en est donc nécessaire.

Vers 6 ans, on fait les premières éclaircies et on en obtient des fagots, recherchés par les boulangers de Bordeaux. Ce combustible a, il est vrai, une faible valeur sous un gros volume, et on n'obtient pas un rendement en argent bien supérieur aux frais de transport, surtout lorsque la propriété est éloignée de la ville. Toutefois, comme le Pin Maritime demande à être éclairci dès les premières années, les propriétaires, lors même que le revenu est nul, n'hésitent pas à faire ces opérations d'amélioration. Il importe en effet de pratiquer de bonne heure une éclaircie moyenne. Nous avons vu, dans une propriété, deux massifs du même âge où les opérations n'avaient pas été faites, ni à la même époque, ni par le même régisseur. Le peuplement qui avait été éclairci de bonne heure et un peu fortement, offrait une végétation beaucoup plus belle que celui qui l'avait été plus tard et plus légèrement. Nous ne pouvons indiquer le revenu en argent de ces premières opérations, la valeur des produits étant très faible et très variable avec les frais de transport.

Vers 8 ou 9 ans, l'éclaircie donne des bois très-recherchés dans le Bordelais, où les vignes prennent tous les jours une plus grande extension. On se sert des jeunes pins comme échalas et ce débit spécial prend le nom d'*œuvres*. On répète ces éclaircies tous les ans et elles donnent par hectare un revenu annuel de 15 à 18 francs.

De 12 à 20 ans, les produits augmentent considérablement de valeur, les pins pouvant alors donner des chevrons pour la charpente, des poteaux télégraphiques de petites dimensions et d'autres bois d'industrie. Mais depuis quelques années, les éclaircies de pins de ces derniers âges donnent des bois qui ont trouvé en Angleterre un débouché presque inépuisable et qui tend chaque jour à s'accroître. Les exploitations houillères de la Grande-Bretagne, viennent en effet chercher dans les landes de grandes quantités de poteaux de pins, pour le blindage des puits et des galeries de mine. Les dimensions exigées pour le nouveau débit sont: un diamètre de $0^m,06^c$ au petit bout et une longueur minimum de $2^m,50^c$. Or, par suite de la végétation remarquable des essences forestières dans la lande, les pins des terrains assainis satisfont à ces conditions dès l'âge de 12 ans. Le prix de ces poteaux est d'environ 6 schellings les 100 pieds anglais, soit 7 fr. 50 les 31 mètres courants, rendus sur le port de débarquement. Leur expédition en Angleterre est facilitée par un échange de produits. Les navires qui les transportent reviennent chargés de charbon, c'est donc un précieux débouché pour les éclaircies de 12 à 20 ans, qui augmentent comme nombre chaque année (1).

Vers 16 ans, les pins ont environ 0^m,60^c à 0^m,75^c de circonférence à 1^m,30 du sol, on peut commencer à obtenir, de ceux qui doivent disparaître dans les éclaircies ultérieures, une gemme donnant environ un litre par pied d'arbre et par an. Si les coupes d'amélioration précédentes ont été bien faites, on doit trouver 7 à 800 arbres par hectare ; le cinquième environ devant tomber dans l'éclaircie est gemmé à mort, c'est-à-dire au moyen de deux ou de plusieurs quarres ouvertes à la fois et cette opération dure quatre ou cinq ans.

On arrive ainsi à conduire le peuplement jusqu'à l'âge de 25 ans, époque à laquelle il reste par hectare environ 500 pins. C'est à 25 ans que l'on commence le gemmage à vie, c'est-à-dire exécuté de telle sorte qu'un pin peut donner des résines pendant 50 à 60 ans, si l'opération est bien et prudemment conduite. On ne pratique alors qu'une seule quarre, que l'on agrandit en hauteur toutes les semaines, de façon à ce qu'elle atteigne 3 mètres au bout de 5 ans. On laisse alors reposer l'arbre pendant quelques années et on ouvre ensuite une nouvelle quarre. Le rendement varie suivant la manière dont l'opération est conduite, un pin peut donner jusqu'à 3 à 4 litres

(1) En 1872, des pins âgés de 18 ans, destinés à faire des poteaux de mines, ont été vendus 450 fr. l'hectare.

de résine par an. On continue d'autre part le gemmage à mort sur les pins qui doivent disparaître
dans les éclaircies.

A l'âge de 30 ans, on ne doit plus rencontrer que
deux cents à trois cents arbres par hectare. Ces pins,
peuvent alors servir à faire des poteaux télégraphiques de 7^m,50 de longueur et se vendant 4 fr. 50 piè-
ce. En faisant une exploitation à blanc étoc, on ob-
tiendrait alors une somme totale de neuf à treize
cents francs. Dans le domaine de St-Alban, nous
avons constaté la présence d'une très-belle plantation
âgée de 27 ans, les arbres avaient comme dimensions
moyennes 1 mètre de circonférence à 1^m,30 du sol;
un grand nombre d'entre eux, et surtout les plus
gros, avaient pourtant été gemmés très-fortement au
moment de la guerre d'Amérique; la résine ayant alors
quadruplé de valeur.

Les deux cents pins, que l'on rencontre dans ces
peuplements âgés de 30 ans, peuvent donner, s'ils sont
gemmés à vie et avec prudence, un revenu annuel de
0 fr. 40 c. par pied d'arbre. A mesure que le grossisse-
ment augmente, il y a lieu de réduire le nombre des
pins, de telle sorte que l'on n'en trouve plus à 60 ans
que 150 environ.

A 60 ans, les 150 arbres conservés, tout en ayant
été gemmés pendant 30 ans, ont une valeur minimum
de 1500 francs, et leurs dimensions les rendent propres à donner des planches, de gros madriers, des traverses etc.

Connaissant, d'une part, les produits en nature et en
argent qu'un hectare de semis de pin est susceptible
de donner à différents âges, et quelle est, d'autre part,
la dépense nécessaire pour mettre en valeur ce même
hectare, il convient actuellement de rechercher quels

sont les intérêts produits par un capital, composé de la valeur primitive du sol et des frais de mise en culture, placé en propriété dans les landes.

Pour connaître ces intérêts produits, prenons un hectare de semis de pin, dans des conditions moyennes, soumis à une révolution de trente ans. Nous trouvons comme produits en argent pendant cette période :

1° Les éclaircies qui donnent au minimum :

de 6 à 12 ans (œuvres) environ	16ᶠ »	
de 12 à 20 ans, on enlève 800 pins environ; il faut 12 de ces arbres pour faire les 31 mètres courants, prix de l'unité des poteaux de mine, le rendement est donc de 66 × 7,50	500ᶠ »	
soit		516ᶠ »
2° Le gemmage, qui même très-modéré de 20 ans à 30 ans, donne un revenu annuel de 60 fr., soit pour dix ans		600 »
3° L'exploitation de 200 arbres à 30 ans valant 4 fr. 50 pièce, soit pour 200		900 »
Total		2016ᶠ »

Or, dans cette estimation, nous n'avons tenu compte :

Ni de la valeur des bourrées faites avant l'époque où on peut obtenir des œuvres;

Ni du produit complet en œuvres, le chiffre indiqué supposant une seule opération de cette nature, ce qui n'arrive presque jamais;

Ni du gemmage des tiges qui ont disparu dans les éclaircies de 16 à 20 ans;

Ni des découpes des bois de mine qui peuvent donner des bois de corde, des bois à charbon, des bourrées, etc.

Quoiqu'il en soit, on peut compter sur un rendement minimum de 2000 francs obtenu en 30 années.

D'autre part, il est possible de se rendre acquéreur d'un hectare de lande rase pour 250 à 300 francs et la somme nécessaire à la mise en valeur étant de 50 fr., le capital engagé est donc au minimum de 350 francs.

Par conséquent, un capital de 350 francs placé en propriétés dans les landes peut donner pendant trente années des revenus et dès lors produire des intérêts *simples* s'élevant à la somme totale de 2000 francs.

Or, une somme de 350 francs placée à intérêts *composés* pendant 30 ans et au taux de 3 0/0 (taux de placement ordinaire des capitaux en propriétés) ne donnerait, après ce laps de temps, qu'un capital de 850 francs, les intérêts produits seraient donc égaux à la différence, soit 500 francs.

La même somme de 350 francs, placée en propriétés dans les landes, donne donc un total d'intérêts de plus de 2000 francs, c'est-à-dire quatre fois plus fort.

Tels sont les magnifiques revenus que les Pins sont susceptibles de produire dans les landes. L'assainissement et la mise en valeur à peu de frais de cette vaste région, qui, il y a 20 ans, était encore presque inculte et inhabitée, a donc augmenté considérablement la richesse territoriale du pays.

CHAPITRE IV. — Du chêne.

Il y a vingt ans, on ne rencontrait dans les landes que quelques chênes isolés, situés soit dans les parties où le sol se trouvait naturellement assaini, soit sur les terrains d'alluvion, près des ruisseaux. Les qualités exceptionnelles de ces arbres et les emplois spéciaux auxquels ils convenaient, les faisaient pourtant rechercher depuis longtemps par les Ingénieurs de la marine. Un Inspecteur général des contructions navales (1) manifestait même en 1822, le désir de voir créer des forêts de chêne dans les landes, et constituer ainsi une ressource précieuse pour les besoins de la marine.

Toutefois, ce fut vainement que l'on tenta à plusieurs reprises d'obtenir des semis de chêne dans la lande. Par suite des influences atmosphériques et de la constitution du sol, la végétation se trouvait dans des conditions toutes spéciales et très défavorables. A une grande humidité et à une chaleur modérée succédait, presque sans transition, une température très-élevée. Les tissus encore imparfaits du jeune plant ne pouvaient supporter ces brusques variations atmosphériques et, en effet, il ne tardait pas à mourir. Le mode

(1) M. de Bonnare : *Des Forêts de la France.*

d'assainissement de M. Chambrelent remédiant à ce
funeste état de choses, il y avait lieu d'espérer dès
lors un tout autre résultat, en opérant sur des terrains
assainis. Il en fut ainsi effectivement, et M. Chambrelent, après avoir fait une nouvelle tentative, eut l'honneur d'avoir le premier créé, au milieu de la lande et
sur une grande étendue, un peuplement complet de
chênes.

C'est au printemps de 1850, que les premiers semis
de glands furent exécutés sur les landes assainies du
domaine de St-Alban ; en peu d'années, ils s'étendi-
rent sur 50 hectares environ. Les bois qu'ils ont don-
nés sont soumis au régime du taillis composé et à la
révolution de douze ans, ils présentent donc actuellement des peuplements de différents âges ; on peut dès
lors se rendre compte de la végétation du chêne dans
les landes, rechercher quelles sont les qualités qu'il
présente et évaluer les produits en matière et en argent qu'il est susceptible de fournir.

Il convient, tout d'abord, d'examiner dans quelles
conditions les semis ont été effectués. On commence
par défoncer à la bêche ou à la pioche le sol à une
profondeur moyenne de $0^m,20^c$, de façon à débarrasser
la surface de la végétation puissante de bruyères,
ajoncs et genêts qui la recouvre. Des lignes équidis-
tantes sont alors tracées à $1^m,50$ les unes des autres
et sur chacune d'elles, 2 ou 3 glands sont placés dans
des trous espacés de 1 mètre. On sème généralement
au printemps et de bonne heure.

En raison de la végétation secondaire qui ne tar-
derait pas à envahir le sol, on est obligé de faire des
binages pendant quelques années. Pour éviter, autant
que possible, la dépense considérable que ces opérations exigent toujours, on cultive pendant les trois
premières années des pommes de terre entre les li-

gnes distantes de 1^m,50. Les produits de cette culture sont à St-Alban abandonnés au fermier qui a fait les binages.

Dès l'âge de 4 ans, les brins de taillis ont 3 à 4 mètres de hauteur ; on ne laisse alors que les plus vigoureux, on enlève tous les rejets traînants qui servent à lier les fagots dans les coupes ; on les nomme *Andortes* dans le pays. Les frais, nécessités par ce travail d'amélioration, sont couverts par le prix de vente des andortes, qui est de 0 fr. 30 c. le cent ; or, on donne le même prix (0 fr. 30 c.) par cent d'andortes coupées. Ces améliorations, répétées plusieurs années, sont les seules nécessaires, les tiges, étant espacées de 1^m à 1^m,25 les unes des autres, ont un espace suffisant pour se développer.

On arrive ainsi jusqu'à l'âge de 12 ans, terme de la révolution à laquelle sont soumis ces taillis.

Il nous reste à faire connaître quelle a été la dépense par hectare, pour les semis de chêne de St-Alban :

1° { Arrachage de bruyères. . . . . . } 150 fr.
   { Défonce à 0^m 20^c. . . . . }

2° Achat de 3 hectolitres de glands et mise en terre. 20 fr.

3° Binages. . . . . { Frais couverts par la culture de pommes de terre.

4° Nettoiement portant sur les rejets traînants. . . . . { Les andortes, produit de ce nettoiement, sont payées 0^f 30^c et se vendent le même prix.

Soit donc pour un hectare une dépense totale de . . 170 fr.(1)

On a semé à St-Alban des glands, en quantités à peu près égales, de chêne *rouvre* et de chêne *pédonculé*. La végétation de ces semis est des plus remar-

(1) En employant d'autres moyens de culture, on parviendra peut être à diminuer cette dépense.

3

quables. Dans les coupes de taillis, les pousses de la deuxième année atteignent souvent $1^m,50$ et $1^m,80$ de hauteur; les baliveaux de l'âge de 12 ans présentent des circonférences moyennes de $0^m,70$ au collet de la racine et une hauteur totale de $7^m,80$. Dans les coupes qui seront exploitées l'année prochaine, les baliveaux conservés lors de la première exploitation, ayant aujourd'hui 23 ans, ont $0^m,70$, $0^m,80$, $0^m,90$, de circonférences moyennes à 1 mètre du sol. Ces dimensions ont été prises sur des arbres formant la moyenne du peuplement et ne sont pas celles de sujets exceptionnels.

Nous avons, dans une coupe dont on venait de terminer l'exploitation, examiné les sections d'abattage. Le bois était nerveux, présentait une zône d'automne très développée et très distincte, les accroissement très réguliers atteignaient souvent $0^m,01$, $0^m,012$, $0^m,015$ de largeur.

Un terrain enrichi à la surface depuis des siècles, par les détritus organiques de la végétation secondaire qui couvrait la lande rase ; une grande humidité du sol au printemps; une atmosphère riche en lumière pendant la plus grande partie de l'année, qui favorise dès lors la décomposition de l'acide carbonique et l'absorption du carbone par les organes extérieurs de la plante; telles sont, sans doute, les causes essentiellement favorables qui permettent à l'arbre d'acquérir si rapidement de pareilles dimensions. Des quatre principes élémentaires organiques, nécessaires au développement de tout végétal, les deux plus importants le carbone et l'oxygène sont largement absorbés et la végétation s'accomplit avec rapidité. Par suite de ce prompt accroissement, le chêne des landes présente des qualités exceptionnelles : « Les bois de « chêne nerveux, ceux qui ont le plus de qualité sous « le rapport de la force, de la solidité, de la tenacité,

« de l'élasticité et de la durée, ont ordinairement les
« couches annuelles très-développées et variant d'épais-
« seur entre 0ᵐ,005, et 0ᵗᵐ,015 et au-dessus. (1) » — Dans
« les bois gras, les couches annuelles sont peu déve-
« loppées et le bois de printemps occupe une place d'au-
« tant plus grande par rapport au bois d'automne que
« le chêne lui-même a été moins bien nourri. Les chênes
« de la moins bonne qualité sous le rapport de la force,
« n'ont presque pas de bois d'automne et cette partie
« de la couche annuelle est si peu compacte qu'on la
« confond avec le bois de printemps. (2) » La lignifi-
cation du bois est en outre complète sous ce climat
méridional ; et de tout temps les chênes de Bayonne
ont été considérés comme les plus nerveux et recherchés de préférence, pour les emplois qui exigent cette
qualité.

On ne peut en France indiquer une végétation forestière plus remarquable. M. Duhamel du Monceau
cite comme extraordinaire un semis fait en 1732, dans
un sable gras cultivé pendant plusieurs années, qui en
1759, c'est-à-dire à l'âge de 27 ans, présentait un taillis de 22 à 25 pieds de haut (8ᵐ) où beaucoup d'arbres
avaient 12 ou 14 pouces de diamètre (0ᵐ,35). Les semis de chêne de St-Alban, à 23 ans seulement, ont la
même hauteur et leur diamètre dépasse les deux tiers
de celui des arbres de 1732.

Ce sont des sujets de cette espèce qui, envoyés à
l'exposition universelle de 1855, ont appelé d'une manière si complète l'attention du jury, qu'une commis-

---

(1) M. Nanquette, directeur de l'Ecole forestière (*Exploitation des bois*, page 171.)

(2) Id., page 173.

sion spéciale fut chargée de venir dans les landes, examiner sur place les résultats obtenus. (1) .

Il est intéressant dès lors, de se rendre compte exactement de ce que les coupes annuelles produisent en matière et en argent. Cette opération est facilitée à St-Alban par l'assiette des coupes. Chacune d'elles occupe une surface d'un hectare, nettement délimité par les fossés d'assainissement, et, tous les ans, plusieurs hectares sont parcourus par les exploitations. Dans chaque coupe et par conséquent sur chaque hectare, on réserve environ 600 arbres, baliveaux et modernes. Il y aurait lieu sans doute de désirer une réserve moins nombreuse, en un mot de demander un traitement plus caractérisé et on peut regretter ou que le nombre des arbres réservés soit aussi considérable, ou que l'hectare entier ne soit pas complétement soumis au régime de la futaie. Quoi qu'il en soit, malgré une réserve de 600 arbres, on peut compter, pour chaque hectare, sur un rendement *minimum* de 600 francs.

Les produits de ces coupes sont destinés au chauffage, ils sont façonnés de la manière suivante : on fait des faissonnats, sorte de fagots composés de chênes entiers, ou refendus s'ils sont trop gros et découpés à la longueur de 1ᵐ,80 à 2 mètres. Chaque faissonnat contient 5 à 6 brins, il pèse environ 30 kil., le poids d'un cent de faissonnats est dès lors de 3,000 kil. environ. Les branches et le reste du taillis forment des fagots du poids de 10 à 12 kilogrammes. L'exploitation est faite par le propriétaire et les prix de vente sur place des produits sont tous (frais d'abattage et de façonnage déduits), de 85 francs le

(1) Le rapport de cette commission fit décerner par le jury à M. Chambrelent une médaille d'or et la croix d'officier de la Légion d'Honneur.

cent de faissonnats et de 25 francs le cent de fagots.
Une des·coupes de cette année, qui venait d'être
vendue la veille même, nous a permis de noter les
chiffres suivants. La coupe n'avait qu'une contenance
de 0ʰ,75ᵃ (elle est située sur les limites de la propriété) et la réserve était de 675 arbres. On avait
conservé tous les modernes et quelques baliveaux,
malgré cela la coupe a donné :

360 faissonnats à 85ᶠ le cent, soit.	306ᶠ	»
1010 fagots à 25ᶠ le cent, soit	252	50
Soit, pour 0ʰ 75ᵃ.	558ᶠ	50

Ce rendement *minimum* de 600 fr. par hectare, serait sans aucun doute bien plus considérable, si la
révolution était prolongée; les produits ne seraient
plus alors uniquement destinés au chauffage et on
pourrait trouver dans les exploitations, des bois propres à l'industrie. Il faut remarquer, en outre, qu'il
n'y a actuellement dans les landes que 30,000 hectares environ de semis de chêne, que beaucoup de
ces semis viennent seulement d'être effectués et que
les plus anciens n'ont qu'une vingtaine d'années.

Le peu d'étendue relative des semis de chêne tient
uniquement à ce qu'ils exigent une main-d'œuvre
plus considérable que les semis de pin et par suite
une plus grande dépense. Or, la mise en valeur des
landes ne date que de quelques années, l'absence de
population et, dès lors, la rareté des ouvriers, a été
l'obstacle le plus difficile à surmonter pour mener à
bonne fin cette grande opération; il était donc nécessaire d'employer le moyen qui exigeait le moins de
main-d'œuvre.

Il fallait, en outre, suivre la méthode qui, le plus

économiquement, pouvait conduire à un résultat. Les propriétaires des landes étaient des communes ou des particuliers. Aux communes fut imposée l'obligation de mettre en bois leurs terrains, et cette obligation seule, (il s'agissait souvent d'étendues énormes) ne permettait pas d'y employer le procédé le plus dispendieux. Les particuliers, acquéreurs de terrains considérables, mais incultes et ne donnant pas de produits, étaient pressés d'obtenir un rendement et la plupart désireux de mettre en valeur leurs propriétés de la façon la plus économique.

Tels sont les motifs pour lesquels les semis de chêne n'occupent pas actuellement une plus grande surface. Ces causes tendent chaque jour à disparaître de plus en plus : la population dans les landes augmente sans cesse à mesure que la production s'accroît, que les communications deviennent plus faciles et que les propriétés particulières et communales donnent des revenus. Il y a donc tout lieu de croire que l'étendue des semis de chêne va s'augmenter, et que le désir manifesté en 1822 par M. de Bonald sera un jour réalisé : les forêts de chêne des landes constitueront une ressource précieuse pour les constructions de la marine.

CHAPITRE V. — MISE EN VALEUR
DES PROPRIÉTÉS COMMUNALES.

SOMMAIRE. — De l'origine présumée des propriétés communales. — Loi de 1857. — Dispositions énoncées dans cette loi. — De leur application.

Du relevé fait antérieurement à 1857, lors de la préparation de la loi qui a modifié la propriété communale dans les départements des Landes et de la Gironde, il résulte que l'étendue totale des landes, dans ces deux départements, était de 635,594 hectares dont 408,649 appartenant aux communes.

L'origine de cette propriété communale très considérable est très obscure ; selon toute apparence, des centres de population s'établirent dans le pays à la suite de guerres ou des expéditions des Phéniciens, des Phocéens ou des Romains (1). Situés au milieu de terres vastes et incultes, les habitants de ces contrées, de même que tous les peuples qui disposent de territoires considérables, se livrèrent à l'élevage des troupeaux et les firent pacager dans les landes. Par suite de la puissante végétation qui couvrait la lande rase, ces troupeaux étaient obligés de parcourir des étendues énormes pour trouver, pendant toute l'année, une nourriture suffisante. Peu à peu, les centres de popu-

(1) Quinze siècles avant J.-C. les Phéniciens parurent sur le bord du golfe de Gascogne. — 900 ans plus tard, les Phocéens semblent y avoir séjourné. — Une voie romaine allait de Dax à Bordeaux.

lation s'augmentèrent, les communes prirent naissance et les habitants continuèrent sans doute à livrer au parcours les mêmes territoires. De cette possession séculaire, que rien ne vint troubler par suite de l'étendue de la lande, naquit le droit de propriété ou tout au moins un droit de parcours pour les troupeaux de tous les habitants de la commune. Il y a lieu de remarquer que ce droit qui, pour une seule commune s'étendait souvent sur dix, quinze, vingt et même trente mille hectares, par suite de l'énorme végétation de bruyères, d'ajoncs et de fétucs qui couvrait la lande rase, était bien peu considérable au point de vue de ce qu'il rapportait. Ce qui rend cette origine vraisemblable, c'est qu'à peu d'exception près, la propriété est purement communale, sans aucun mélange de ces droits particuliers d'anciens fiefs, de villages, de sections qui viennent dans d'autres provinces, notamment dans le Midi, compliquer et parfois même presque anéantir le droit des communes.

Quoi qu'il en soit, ces propriétés communales étaient énormes, toutes semblables à cause de l'homogénéité de la constitution minéralogique et dans des conditions exceptionnelles pour établir une loi générale de mise en valeur. Le 25 mai 1857, une loi relative à l'assainissement et à la mise en valeur des landes fut présentée au Corps législatif et promulguée le 19 juin de la même année.

L'utilité qu'il pouvait y avoir de procéder à une mise en valeur de ce désert immense, de faire cesser cet état de choses préjudiciable à l'intérêt général, de rendre enfin ce pays habitable, n'est pas discutable. Il était nécessaire de mettre les landes en valeur, toutefois l'absence d'argile et de calcaire, le peu de population, rendaient presque impossible la création de vastes cultures agricoles. Les difficultés d'administration des biens communaux agricoles devaient, de plus, faire renoncer à ce mode de procéder. Il ne restait donc que la culture forestière et, en sa faveur, on pouvait invoquer les magnifiques résultats obtenus dans les landes de St-Alban et qui venaient d'être si remarqués à l'exposition de 1855. Mais pouvait-on imposer aux communes une mise en valeur spéciale? Ne portait-on pas atteinte au droit de propriété qui est de jouir et de disposer comme on l'entend? Ce droit est en effet formellement reconnu par la loi du 28 septembre : 6 octobre 1791 (art. 2, sect. 1,) et par l'article 544 du code civil; mais il y a lieu de remarquer que, tout en reconnaissant la liberté du possesseur légitime, les deux articles précédents renferment l'obligation, pour le propriétaire, de se conformer aux lois. C'est dans cette restriction formelle, que le gouvernement a puisé le droit d'imposer aux communes un mode de traitement destiné à mettre leurs biens en valeur. Les landes, en effet, par leur stérilité et leur insalubrité, sont de nature à être assimilées aux marais, et en vertu de la loi du 10 septembre 1807, l'état pouvait donc ordonner que les landes communales seraient assainies et ensuite plantées.

L'exécution de cette importante question fut réglée par la loi du 19 juin 1857 à la suite de laquelle sont intervenus deux décrets: L'un du 1er août 1857 relatif aux routes agricoles, l'autre du 28 avril : 7 mai 1858.

La loi de 1857 (1) renferme deux séries de dispositions: La première, sur laquelle il convient d'insister, s'occupe directement de la mise en valeur et de l'assainissement des biens communaux; la seconde

---

(1) Voir la note n° II.

renferme des dispositions relatives à la création de routes agricoles, destinées à faciliter actuellement les travaux et ensuite à permettre l'enlèvement des produits ; en outre, elle rend applicable, aux travaux qui seront exécutés, la loi du 10 juin 1854.

De l'examen de cette première partie de la loi de 1857, il résulte :

Que les terrains communaux des départements des Landes et de la Gironde, devront être assainis et ensemencés ou plantés en bois, aux frais des communes propriétaires (art. 1er) ;

Que l'Etat, ordonnant l'exécution immédiate et complète de la loi, se chargerait des travaux dans le cas où il y aurait impossibilité ou refus de la part de la commune (art. 2).

Le même article spécifie en outre que l'Etat se remboursera de ses avances, en principal et intérêts, sur le produit des coupes et des exploitations. Il y a lieu de remarquer, du reste, que toute latitude était laissée aux communes propriétaires pour la mise en valeur de leurs biens. Elles pouvaient, soit en vendre une partie afin d'être en mesure d'exécuter les travaux sur le reste, soit traiter à forfait avec des sociétés ou des particuliers, qui seraient soldés par un partage fait avec l'autorisation de l'Etat ; aucune règle n'était à cet égard imposée aux communes.

Que dans le double but de ne pas entraîner l'Etat et les communes dans une trop forte dépense, et de ne pas modifier trop radicalement les habitudes et le mode de jouissance des habitants de la commune, les travaux ne pourraient, sans délibération spéciale du conseil municipal intéressé, être entrepris sur *plus du douzième des terrains de chaque commune* (art 3).

Que pour faciliter et assurer au besoin l'existence des ouvriers que ces travaux allaient amener dans ce pays, les communes *devaient vendre* ou *affermer* les portions de leurs terrains qui, assainis, seraient reconnus susceptibles d'*être mis en culture* (art 4).

Ainsi, on ne voulait donc, ni abolir d'une manière complète l'exercice des droits de pâturage, ni empêcher d'une façon absolue la culture agricole dans les landes, puisque d'une part, on déterminait la quotité des ensemencements annuels et qu'on prescrivait, d'autre part, la vente ou la location de 30,000 hectares environ, destinés à être mis en culture.

Les travaux enfin, ne pouvaient être entrepris qu'après un décret rendu en conseil d'Etat, décret qui devait être précédé d'une enquète et d'une délibération du conseil municipal intéressé (art 5).

Cette loi fut notifiée aux communes et favorablement accueillie par elles. Alors est intervenu le décret du 28 août : — 7 mai 1858 portant réglement d'administration publique pour l'exécution de la loi de 1857. Ce décret visant les lois du 14 floréal an XI, du 18 juillet 1857 et du 10 juin 1854, renferme une série de dispositions relatives :

1° A l'exécution des travaux d'assainissement et de mise en valeur des landes, soit par l'ensemencement en bois, soit par les cultures agricoles ; .

2° A la conservation des travaux par les communes et par l'Etat.

En exécution de ce décret, les projets furent rédigés par les ingénieurs des ponts-et-chaussées. Chaque projet était soumis au conseil municipal intéressé, qui délibérait à ce sujet et déclarait s'il prenait les travaux à sa charge ; dans ce cas, la délibération faisait connaître les voies et moyens d'exécution. Un décret impérial réglait ce qu'il y avait à faire, lorsque la commune refusait ou ne pouvait exécuter les travaux.

En général, les communes vendirent une partie de leurs biens, et avec les produits ainsi obtenus, la mise en valeur fut effectuée sur ce qui restait de la propriété. On vendait en adjudication publique et on imposait comme condition absolue à la vente, que des travaux d'assainissement et des plantations seraient exécutés par l'acquéreur.

Telle fut la marche suivie pour la mise en valeur des 400,000 hectares de landes appartenant aux communes. Actuellement, dans le département de la Gironde, toutes les propriétés communales encore existantes sont ensemencées, si ce n'est dans trois communes. Dans deux de ces dernières, où la propriété était contestée, la question a été réglée tout récemment en faveur des communes ; dans la troisième, il y avait un dessèchement considérable à effectuer, il est presque terminé. La situation est sensiblement la même dans le département des Landes.

Ces propriétés communales boisées, par suite de leur origine même, se sont trouvées jusqu'ici dans des conditions spéciales. D'après les termes des articles 1er et 90 de la loi forestière de 1827, elles devraient être soumises au régime forestier. Depuis leur création il n'y a été effectué du reste que des exploitations de peu d'importance, les semis n'ayant environ que 12 à 13 ans ; quelques communes ont demandé au Préfet l'autorisation de faire des éclaircies et les ingénieurs des ponts-et-chaussées ont été consultés à ce sujet.

Les 300,000 hectares de forêts communales des départements des Landes et de la Gironde, qui existent actuellement, seront sans doute un jour soumises au régime forestier. L'administration forestière peut seule, en effet, conserver à la France cet accroissement de richesse territoriale, évalué par le Conseil général de la Gironde à plus de deux cent millions de francs.

CHAPITRE VI. — DES INCENDIES.

SOMMAIRE. — Des moyens matériels de prévenir et de combattre les incendies. — Des prairies. — De l'enlèvement de la végétation buissonnante. — Du pâturage dans les landes.

Des incendies considérables viennent fréquemment, dans la lande, détruire d'une manière complète les semis exécutés sur ce terrain naguère improductif; parfois ils s'étendent sur de grandes surfaces et, par un seul incendie, des milliers d'hectares sont souvent parcourus.

La malveillance des pasteurs, les morceaux de charbons enflammés qui s'échappent des locomotives, l'incinération sans précautions suffisantes des landes rases, la négligence ou les imprudences des habitants, telles sont les causes auxquelles on attribue généralement les incendies dans les landes.

Dans le but de rechercher celles de ces causes qui sont les plus fréquentes et les plus nuisibles, et de déterminer les mesures administratives ainsi que les moyens matériels propres à prévenir ces incendies, ou à les empêcher de s'étendre sur d'aussi grandes surfaces, une enquête vient d'être faite par l'administration forestière. Elle sert de base en ce moment à la préparation d'une loi analogue à celle de 1870, mais spéciale aux landes de Gascogne.

Nous nous bornerons donc à faire connaître deux

moyens proposés par M. Chambrelent et qui ont
été du reste employés, soit dans le domaine de St-
Alban, soit dans d'autres propriétés.

Un grand nombre de ces incendies sont dus aux chemins de fer, malgré les précautions prises par les compagnies. Les locomotives passent seulement en effet à
quelques mètres des matières inflammables, des charbons incandescents s'échappent du foyer et souvent sont
projetés au milieu des herbes desséchées qui ne tar-
dent pas à prendre feu et l'incendie se propage de proche en proche avec une effrayante rapidité. Ce danger
si fréquent n'existerait plus, si on enlevait sur tout le
parcours du chemin de fer dans les landes, sur une
zône de 25 à 30 mètres, des deux côtés de la voie, toutes les herbes et toute la végétation ligneuse, et si sur
ces terrains, on cultivait des plantes sarclées ou si on
y établissait des prairies. Plusieurs essais de cette nature ont été faits et ont donné de magnifiques résultats. On voit au milieu même de la lande, de vertes
prairies d'une très-belle et très-vigoureuse végétation.

Leur création exige une dépense de 250 francs environ par hectare, on défonce le sol à 0^m,40 de profondeur et avant de semer, pendant deux ans, on fait
des cultures de pommes de terre, dont les frais sont
couverts par les produits.

La végétation de ces prairies riveraines du chemin
de fer est du reste puissamment activée, au moyen d'engrais liquides amenés de Bordeaux par le chemin de
fer du Midi qui traverse le domaine de St-Alban. Ces
engrais sont renfermés dans de vastes réservoirs mé-
talliques et lorsque le wagon est arrivé à la hauteur
de la prairie, un tuyau met en communication le ré-
servoir et la machine; il est facile dès lors, sous la
pression de la vapeur, d'obtenir un jet permettant
d'arroser toute la zône qui borde le chemin de fer.

Responsables des incendies produits par les locomotives, les compagnies se prêtent d'ailleurs à ces transports et les font à peu de frais; le prix d'acquisition de ces engrais est de plus très-faible, les villes exigeant toujours que les matières, d'où ils proviennent, soient transportées à une assez grande distance.

Il est facile, en outre, d'obtenir dans les landes de l'eau en quantité suffisante pour arroser les prairies, si l'on craint le dessèchement en été. Immédiatement au-dessous de l'alios, à 1ᵐ,30ᶜ environ de la surface du sol, on rencontre une nappe d'eau stagnante. Si donc on creuse à travers le sable et l'alios, sur une profondeur de 1ᵐ,30ᶜ, on a sans grande dépense un puits donnant de l'eau d'une manière constante, pendant les plus grandes chaleurs.

La possibilité d'avoir très facilement et des engrais pour amender le sol et de l'eau pour l'arroser en été, permet donc d'établir et d'entretenir, dans de très-bonnes conditions, les deux zônes de prairies parallèles aux chemins de fer des landes.

La végétation buissonnante qui est considérable, même sous les peuplements, les fougères et les aiguilles de pin complètement desséchées par le soleil brûlant de l'été, permettent à l'incendie de prendre très-facilement naissance et servent à sa rapide propagation, aussi bien dans les semis que dans la lande rase. Un des moyens les plus simples de prévenir ce terrible fléau qui menace de destruction les travaux effectués, serait donc d'enlever toutes ces herbes et tout le sous bois formé par les essences inférieures. Mais cette opération exigeant une assez forte dépense, les propriétaires ne pouvaient la faire exécuter que s'ils étaient assurés de pouvoir couvrir les frais nécessités par ce travail.

Comme on se servait depuis très longtemps dans les

landes, de ces herbes pour faire des litières, et comme le prix de la paille s'était accru presque partout d'une manière notable, M. Chambrelent chercha à utiliser de cette manière ces produits du sol, dans les départements voisins. Dans ce but et pour en rendre possible le transport à bas prix, cet ingénieur eut l'idée de faire comprimer fortement toutes ces herbes. On obtient ainsi des ballots du volume d'un mètre cube et du poids de 120 kilogrammes environ. Les frais de façon sont d'environ 20 fr. par tonne, le prix de transport de la même quantité jusqu'à 300 kilomètres n'est que de 10 francs, de sorte que les 1000 kilogrammes de cette litière, appelée Bruc dans le pays, reviennent à 300 kilomètres, seulement à 30 fr. (façon et transport compris). Or la paille valant presque partout 50 fr. environ, il reste une somme de 20 fr. pour couvrir les frais de transport à la gare de départ et à la ferme où on doit employer le Bruc; l'opération n'exige donc pas de dépense de la part du propriétaire.

Tous les trois ans, on est obligé de recommencer ce nettoiement, tant est puissante la végétation dans les landes.

La création de prairies et l'enlèvement du sous bois, ont en outre l'avantage de donner de meilleurs pâturages pour les troupeaux. L'enlèvement de la végétation buissonnante doit en effet produire un résultat analogue à celui que l'on cherchait à obtenir par les incinérations. Celles-ci, en débarassant le sol des essences secondaires, étaient destinées à permettre aux herbes de recevoir directement l'action de l'air et de l'humidité et à faciliter dès lors leur végétation.

Nous ferons observer à ce sujet, que la mise en valeur des landes, n'a pas modifiée d'une façon complète et immédiate le mode de jouissance des habitants et n'a pas supprimé brusquement l'exercice du droit de pâturage. D'après la loi de 1857, les ensemencements annuels ne pouvaient être enterpris sur plus du douzième de la surface totale des propriétés communales. Or comme les jeunes bois sont défensables dans ce pays dès l'âge de 6 ans, il en résulte que, même si toutes les communes avaient exécuté chaque année la totalité des semis autorisés, l'exercice du droit de pâturage, sur les terrains communaux seuls, n'aurait jamais, sous le rapport de l'étendue, été diminué de plus de moitié de ce qu'il était. Mais souvent les communes n'ont pu faire annuellement tous les semis prévus et, de plus, la propriété particulière n'a pas été mise aussi rapidement en valeur; l'étendue des landes rases et des bois défensables n'a donc pas été aussi restreinte. Le pâturage dans les jeunes peuplements défensables est d'autre part bien plus productif que dans la lande rase et par conséquent les animaux pouvant trouver une meilleure nourriture sur cette surface amoindrie, les habitants des landes avaient dès lors la faculté de continuer à élever autant de troupeaux.

Les cultures forestières et agricoles donnent aujourd'hui aux pasteurs, un moyen certain d'obtenir un salaire beaucoup plus élevé que celui qu'ils gagnaient autrefois, en conduisant leurs maigres troupeaux dans la lande. Aussi ces usages de vaine pâture qui appartiennent aux peuples primitifs, tendent-ils chaque jour à disparaître et bientôt, le pasteur, monté sur ses échasses, ne sera plus que légendaire, de même que l'insalubrité et la stérilité des landes ne sont déjà plus actuellement que des souvenirs du passé.

NOTES

—

NOTE I.

En Hollande, la fixation des Dunes est absolument nécessaire et il importe d'empêcher toute modification dans leurs
directions, car elles servent de barrières naturelles à la mer,
empêchant les polders, qui constituent les parties les plus ri-
ches du pays, d'être envahis par les eaux. Les Dunes sont
plantées et maintenues avec l'herbe marine, appelée *helm*, qui
croit spontanément dans les parties abritées de ces collines de
sable. Cette plante pousse avec une très-grande vigueur ; les
racines sont très nombreuses, pénètrent à une grande profondeur dans le sol et forment une sorte de trame qui retient les
sables. On coupe cette herbe une fois par an et elle sert à
faire du papier. La plantation se fait par touffes, de $0^m,15$ de
diamètre, qui sont enfoncées dans le sable de $0^m.50^c$. Elle doit
être faite par un temps humide et de façon à être prompte-
ment recouverte par la neige. Le prix de cette plantation est
de 150 francs par hectare.

Le *helm* ne conviendrait sans doute pas dans les Dunes de
Gascogne, où le gourbet remplit du reste un rôle analogue,
mais cette herbe marine pourrait peut-être trouver un emploi
dans les régions plus septentrionales des côtes de France.

NOTE II.

LOI DU 19 JUIN 1857.

ART. 1er. — Dans les départements des Landes et de la Gironde, les terrains communaux actuellement soumis au parcours seront assainis et ensemencés ou plantés en bois, aux
frais des communes qui en sont propriétaires.

Art. 2. — En cas d'impossibilité ou de refus de la part des communes de procéder à ces travaux, il y sera pourvu aux frais de l'Etat qui se remboursera de ses avances en principal et intérêt, sur le produit des coupes et des exploitations.

Le découvert provenant de ces avances ne pourra excéder 6,000,000 francs.

Art. 3. — Les ensemencements ou plantations ne pourront être faits annuellement dans chaque commune que sur le douzième au plus de la superficie de ses terrains, à moins qu'une délibération du Conseil municipal n'autorise les travaux sur une étendue plus considérable.

Art. 4. — Les parcelles de terrains communaux qui seront susceptibles d'être mises en culture seront, après avoir été assainies, vendues ou affermées par la commune.

Les avances qui auront été effectuées par l'Etat seront prélevées sur le prix.

Art. 5. — Les travaux prescrits par les articles précédents ne pourront être entrepris qu'en vertu d'un décret impérial rendu en Conseil d'Etat qui en réglera l'exécution. — Le décret sera précédé d'une enquête et d'une délibération du Conseil municipal intéressé.

Art. 6. — Des routes agricoles destinées à desservir les terrains qui font l'objet de la présente loi seront exécutées aux frais du trésor public. Le réseau de ces routes sera déterminé par décrets rendus en Conseil d'Etat.

Art. 7. — Les terrains nécessaires à l'établissement de ces routes seront fournis par les communes traversées.

Si elles n'en sont pas propriétaires, ils seront acquis par elles dans les formes déterminées par la loi du 21 mai 1836 sur les chemins vicinaux.

Art. 8. — L'entretien de ces routes restera à la charge de l'Etat pendant 5 ans, à partir de leur exécution, et ultérieurement à la charge, soit du département, soit des communes, suivant le classement qui en aura été fait en routes départementales ou en chemins vicinaux de grande communication.

Art. 9. — Un règlement d'administration publique déterminera :

1° Les règles à observer pour l'exécution et la conservation des travaux ;

2° Le mode de constatation des avances qui seraient faites par l'Etat et les mesures propres à assurer leur remboursement en principal et en intérêt ;

3º Les formalités préalables à la mise en vente ou en location des terrains assainis ou destinés à la culture conformément à l'article 4 ;

4ᵉ Enfin toutes autres dispositions propres à assurer l'exécution de la présente loi.

Art. 10.—La loi du 10 juin 1854 relative au libre écoulement des eaux provenant du drainage est applicable aux travaux qui seront exécutés en vertu de la présente loi.

Délibéré le 25 mai 1857,

Promulgué le 19 juin 1857.

Table des Matières.

Clermont-de-l'Oise. — Imprimerie A. DAIX.

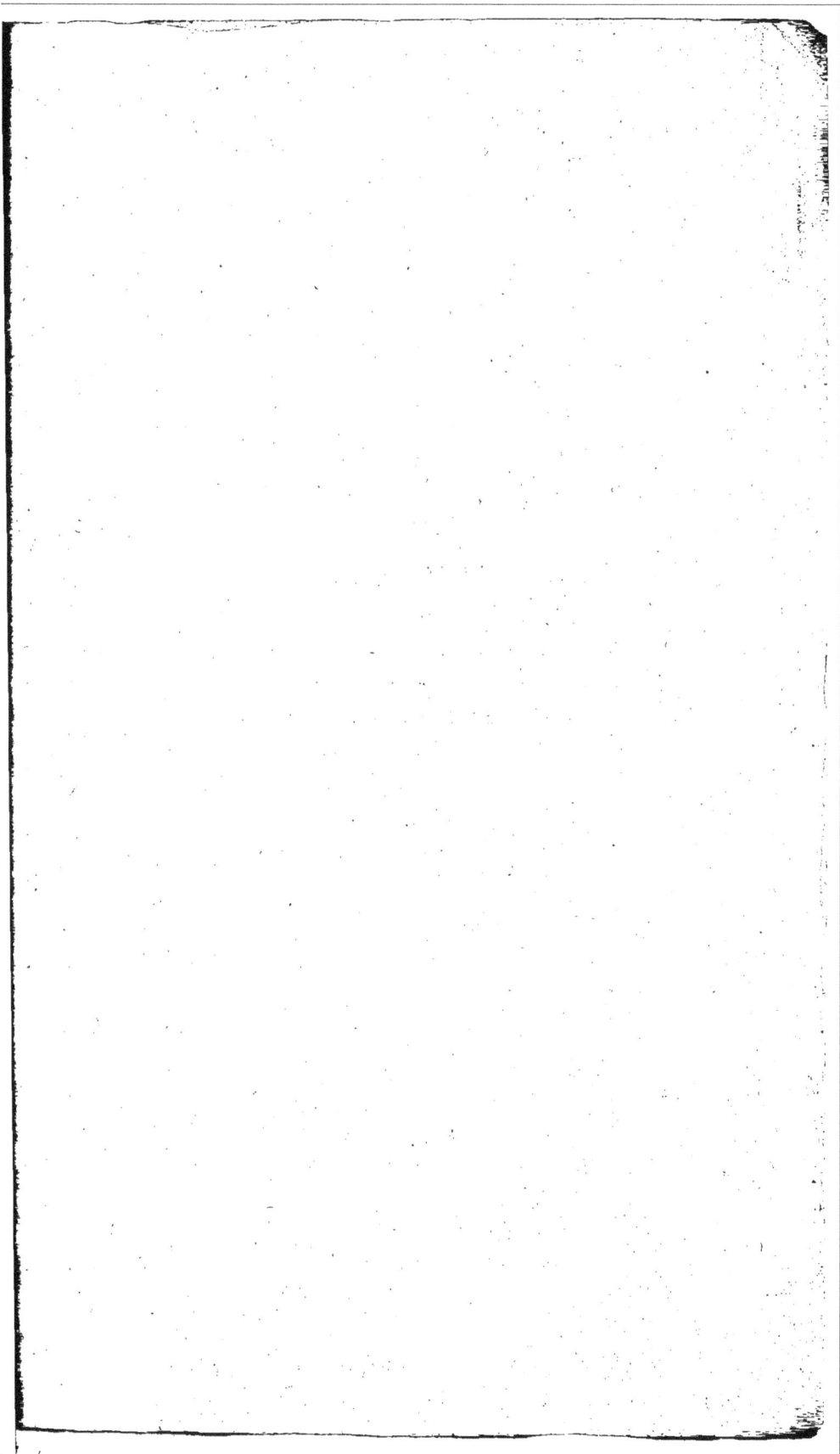

CLERMONT (OISE). — IMPRIMERIE A. DAIX.

www.ingramcontent.com/pod-product-compliance
Lightning Source LLC
Chambersburg PA
CBHW050537210326
41520CB00012B/2608